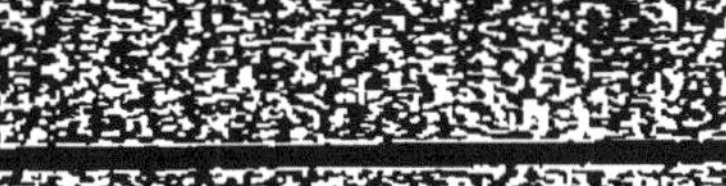BIBLIOTHÈQUE DE L'ARMÉE FRANÇAISE

GÉOLOGIE ET TOPOGRAPHIE

ÉTUDE DES RENSEIGNEMENTS

FOURNIS À LA GÉOLOGIE

APPLICATION À LA TOPOGRAPHIE

Par Ernest DELAPORTE

PARIS

LIBRAIRIE MILITAIRE

HENRI CHARLES-LAVAUZELLE

GÉOLOGIE ET TOPOGRAPHIE

ÉTUDE DES RENSEIGNEMENTS

FOURNIS A LA GÉOLOGIE

ET DE LEUR APPLICATION A LA TOPOGRAPHIE

Par Ernest DELAPORTE

Secrétaire-adjoint de la Société nationale de Topographie pratique
Professeur à l'Association polytechnique.

PARIS | LIMOGES
11, Place St-André-des-Arts. | 46, Nouvelle route d Aixe, 46,

IMPRIMERIE ET LIBRAIRIE MILITAIRES

Henri CHARLES-LAVAUZELLE
Éditeur.

—

1890

Avant d'aborder les matières que nous nous sommes proposé de traiter, nous tenons à remercier M. Stanislas Meunier, docteur ès sciences, professeur au Museum d'histoire naturelle de Paris, et M. Frédéric Hennequin, président de la Société Nationale de Topographie pratique, grâce aux leçons desquels nous avons pu entreprendre et terminer ce travail.

Ernest DELAPORTE.

Fontenay-sous-Bois, 24 septembre 1890.

————

INTRODUCTION

D'après la définition même de la Topographie et d'après les services qu'elle a rendus à nos ennemis en 1870-71 et qu'elle est appelée à nous rendre dans l'avenir, nous pouvons nous convaincre qu'elle est et restera la base et l'élément primordial de toute opération militaire. Or, si la topographie est un instrument de guerre de premier ordre, il est nécessaire et indispensable de la perfectionner au suprême degré, de façon à en tirer le maximum de ce qu'elle peut donner. Eh bien, cette science ayant pour but la description d'un lieu, c'est-à-dire la représentation non seulement des objets soit naturels soit artificiels qui existent à la surface du sol, mais encore et principalement du relief du terrain sur lequel reposent ces objets, il est bien évident, et cela saute aux yeux, que la formation de ce relief dépend de la formation géologique du terrain et que tel plateau n'existe que par suite du relèvement de certaines couches de terrain ou du creusement de vallées environnantes, creusement opéré généralement par les eaux à travers des roches plus ou moins friables.

Si du nivellement nous passons à la planimétrie, l'influence du terrain continue à se faire sentir d'une façon au moins aussi énergique. En effet, la culture, comme nous pouvons le constater journellement, se trouve influencée par la nature du sous-sol, et, par suite, ses productions varient. Ainsi, aux environs de Paris, le niveau des marnes vertes supra-gypseuses est tracé le long d'un grand nombre de coteaux par les peupliers et les saules, qui trouvent dans ce terrain humide les conditions nécessaires à leur développement, tandis que les terrains calcaires sont couverts de champs et de vignes et les terrains sablonneux de bois. Mais ces productions constituent la base de la nourriture de l'homme et des animaux ou répondent à des besoins immédiats. Il résulte donc de ce qui précède, et ceci est d'une importance capitale par suite de l'obligation où l'on sera de vivre sur le pays occupé, que la présence d'une couche de terrain déterminé suffira bien souvent pour préjuger des ressources que l'on y trouvera.

L'influence que la constitution géologique d'un pays exerce sur les caractères de tous genres qui lui donnent son individualité et qui se rattachent non seulement à la topographie et à l'agriculture, mais encore à la présence ou à l'absence des eaux superficielles ou souterraines, à la viabilité des routes et jusqu'aux mœurs et aux idées des habitants avait déjà été entrevue depuis assez longtemps par Werner, entre autres, et Cuvier, dans l'éloge qu'il fit du précédent, ajoutait :

« La Lombardie n'élève que des maisons de briques à côté de la Ligurie qui se couvre de palais de marbre. Les carrières de travertin ont fait de Rome la plus belle ville du monde ancien ; celle de calcaire grossier et de gypse font de Paris l'une des plus agréables du monde moderne, et cette influence du sol local s'étend à des choses bien autrement élevées : nos départements granitiques produisent sur tous les usages de la vie des hommes d'autres effets que les calcaires ; on ne se logera pas, on ne se nourrira, le peuple, on peut le dire, ne pensera jamais en Limousin ou en basse Bretagne comme en Champagne ou en Normandie. »

Les contrées où les rapports précédents sont tellement marqués qu'il est impossible de ne pas les apercevoir pour peu qu'on les étudie avec un peu d'attention sont appelées régions naturelles, et il semblerait qu'on en ait tenu compte lors de la formation des anciennes provinces, qui peuvent être regardées en effet comme des régions naturelles.

La principale objection qu'on formulera contre l'emploi de la géologie en topographie sera certainement l'impossibilité où l'on sera de se livrer à une étude géologique détaillée et de relever minutieusement les limites et l'emplacement de chaque couche du terrain sur lequel on sera appelé à se mouvoir.

Cette objection est tellement vraie qu'il ne peut être question d'opérer comme le font les géologues, qui ont dû, pour arriver à ce résultat, se livrer à de longues études spéciales. Notre intention est seulement d'indiquer certains indices qui permettent de déterminer *a priori* la formation géologique du terrain, indices que tout le monde peut apprendre facilement et qui sont le résultat d'observations faites sur le terrain même. Ainsi, par exemple, dans un village, les maisons et les murs sont construits en général avec les matériaux que les habitants trouvent dans leur pays. Aux environs de Paris, nous avons une multitude de villages, Montreuil et Noisy-le-Sec entre autres, où le plâtre domine dans les constructions. Pourquoi? Parce que ces villages reposent sur le plâtre ou gypse.

Voici donc déterminée, par la seule présence de ces constructions, la formation géologique qui supporte ces villages.

Ces exemples, que nous pourrions multiplier à l'infini, sont décisifs. Nous nous permettons à ce propos de faire remarquer que, pour nous, l'enseignement qui joint la pratique à la théorie étant le meilleur, ou pour mieux dire le seul qui puisse donner des résultats sérieux, nous avons tenu à baser ce travail sur des observations faites sur le terrain même et par conséquent dans nos environs; elles pourront être contrôlées facilement par ceux qui habitent la même région. Quant à ceux qui se trouvent en dehors du bassin parisien, ils pourront, en recueillant leurs observations personnelles, en tirer des conclusions par la comparaison et l'analogie des terrains

qu'ils rencontreront avec ceux de la formation parisienne.

GÉOLOGIE ET TOPOGRAPHIE

GÉOLOGIE

NOTIONS PRÉLIMINAIRES

Le bassin parisien n'étant qu'une des phases de la formation géologique de la terre, nous allons, pour la clarté de notre sujet, passer rapidement en revue les différents terrains qui l'ont précédé et l'ordre qui a présidé à leur formation.

La terre est une planète appartenant au système solaire et faisant partie d'un grand tout qu'on appelle univers. Par sa forme, qui est celle d'un sphéroïde légèrement aplati vers les pôles et renflé à l'équateur, on déduit que notre globe a dû être à l'origine visqueux.

D'autre part, la température de la terre augmente au fur et à mesure que l'on s'enfonce à l'intérieur, et elle devient telle que la partie centrale de notre globe est en fusion. Ce fait, rapproché du précédent, permet d'attribuer à la terre une origine ignée. Par le refroidissement, il s'est formé une croûte sur laquelle se sont déposées diverses couches qui ont elles-mêmes été plus ou moins remaniées et qui, en fin de compte, ont constitué l'enveloppe actuelle de notre globe.

Ces différentes couches sont en général recouvertes par ce que nous appelons la terre végétale. Cette terre végétale, qui est constituée en grande partie par une matière organique appelée humus et produite par la décomposition des végétaux, forme pour le géologue un sur-sol importun venant lui masquer le sous-sol, c'est-à-dire les affleurements des diverses couches qu'il lui importe de reconnaître.

C'est à ce sous-sol qu'on donne le nom de sol géognostique.

Nous avons vu précédemment que, lors du refroidissement de notre globe, il s'était formé une première croûte qui a dû être composée par l'union de la silice et de l'alumine, éléments réfractaires par excellence, avec les oxydes des métaux les moins lourds.

Les terrains qui dépendent de cette première croûte offrent simplement des masses irrégulières auxquelles on a donné le nom de terrains massifs.

Au-dessus de ces terrains se sont déposées d'autres roches provenant soit de la démolition ou du transport des premiers, soit de précipitation ou de décomposition chimique d'un partie des éléments volatils de l'atmosphère. Ces terrains se composent d'éléments plats ou strates appliqués les uns sur les autres, formant ce qu'on appelle stratification, d'où le nom de terrains stratifiés.

Entre ces deux catégories de terrain, et comme pour ménager la transition, se trouvent ce qu'on appelle les terrains cristallophylliens, qui doivent leur facies et leur stucture à ce que, s'étant déposés en strates immédiatement sur les terrains massifs, probablement avant leur complet refroidissement, ils ont subi une transformation presque complète qui leur a donné un caractère cristallin très prononcé.

Les terrains massifs sont généralement composés de roches dures, cristallines, et fréquemment brillantes (granite).

Elles constituent en général la charpente des montagnes, et on n'y rencontre aucune trace de corps organisés.

Les terrains cristallophylliens ont une structure schisteuse et jusqu'à un certain point la composition minéralogiqne des terrains massifs (gneiss, talcschiste).

Quant aux terrains stratéifiés, ils portent les caractères d'un dépôt chimique ou formé par transport. Enfin, ils renferment des débris organiques, auxquels on a donné le nom de fossiles, qui contribuent puissamment à leur détermination. Par leur disposition, il est bien évidént que la plupart de ces terrains stratifiés se sont déposés dans l'eau sous forme de sédiments, comme cela a lieu actuellement dans les fleuves et dans les mers; de là le nom de terrains sédimentaires qu'on leur applique fréquemment.

Par suite de leur origine, ils occupent en général le pays de plaines ou de collines et ont participé au remplissage d'un grand nombre de bassins et en particulier du bassin parisien, dont nous allons nous occuper. Cependant, avant d'en commencer, l'étude, nous allons énumérer sommairement les couches qui composent l'écorce terrestre, ces couches pouvant être d'ailleurs plus ou moins inclinées, par rapport à l'horizontale.

L'étude de leur allure, de la détermination

de leur direction et de leur plongement constitue une des divisions de la géologie à laquelle on a donné le nom de stratigraphie, que nous laisserons aux géologues de profession.

En partant des terrains massifs, qui en constituent la base, les terrains stratifiés reposent dans l'ordre suivant sur les terrains cristallophylliens.

L'énumération est faite de haut en bas, c'est-à-dire de la couche la plus récente vers la plus ancienne, d'après les divisions de Werner.

Terrain actuel..	Travertins, alluvions, dunes, tourbes.
Terrain quaternaire	Terrain de transport. Terrain sédimentaire.
Terrain tertiaire.	Pliocène. Miocène. Eocène.
Terrain secondaire	Terrain crétacé. Terrain jurassique. Terrain triasique.
Terrain primaire.	Terrain permien. Terrain carbonifère. Terrain de transition.
Terrain primordial..........	Terrain cristallophyllien. Terrain granitique.

Bassin parisien

Le bassin parisien constitue ce que l'on peut appeler une région géologique spéciale, tant par la disposition que par la nature des couches qui le composent. Ses limites sont assez difficiles à établir d'une façon précise. Brongniart, l'un des fondateurs de la géologie parisienne, lui donne, dans son ouvrage *Descriptions géologique des environs de Paris* (page 19), les frontières suivantes :

« Le bassin de la Seine est séparé, pendant un assez grand espace, de celui de la Loire par une vaste plaine élevée dont la plus grande partie porte vulgairement le nom de Beauce, et dont la portion moyenne et la plus sèche s'étend, du nord-ouest au sud-est, sur un espace de plus de quarante lieues depuis Courvelle jusqu'à Montargis.

» Cette plaine s'appuie vers le nord-ouest à un pays plus élevé qu'elle et surtout beaucoup plus coupé dont les rivières d'Eure, d'Aure, d'Iton, de Rille, d'Orne, de Mayenne, de Sarthe, d'Huisne et du Loir tirent leurs sources. Ce pays, dont la partie la plus élevée, qui est entre Séez et Mortagne, formait autrefois la province du Perche et une partie de la basse Normandie, appartient aujourd'hui au département de l'Orne.

» La ligne de séparation physique de la Beauce et du Perche passe à peu près par les villes de Bonneval, Allaye, Illiers, Courville, Pontgouin et Verneuil.

» De tous les autres côtés, la plaine de Beauce domine ce qui l'entoure.

» Sa chute du côté de la Loire ne nous intéresse pas pour notre objet.

» Celle qui est du côté de la Seine se fait par deux lignes, dont l'une, à l'occident, regarde l'Eure, et l'autre, à l'orient, regarde immédiatement la Seine.

» La première va de Dreux vers Mantes. L'autre part d'auprès de Mantes, passe par Marly, Meudon, Palaiseau, Marcoussis, la Ferté-Alais, Fontainebleau, Nemours, etc.

» Mais il ne faut pas se représenter ces deux lignes comme droites ou uniformes; elles sont au contraire sans cesse inégales, déchirées, de manière que si cette vaste plaine était entourée d'eau, ses bords offriraient des golfes, des caps, des détroits et seraient partout environnés d'îles et d'îlots.

» Ainsi, dans nos environs, la longue montagne où sont les bois de Saint-Cloud, de Ville-d'Avray, de Marly et des Alluets, et qui s'étend depuis Saint-Cloud jusqu'au confluent de la rivière de Mauldre dans la Seine, ferait une île séparée du reste par le détroit où est aujourd'hui Versailles, par la petite vallée de Sèvres et par la la grande vallée du parc de Versailles.

» L'autre montagne, en forme de feuille de figuier, qui porte Bellevue, Meudon les bois de Verrières, ceux de Chaville, formerait une seconde île séparée du continent par la vallée de Bièvre et par celle des coteaux de Jouy.

» Mais ensuite, depuis Saint-Cyr jusqu'à Orléans, il n'y a plus d'interruption complète, quoique les vallées où coulent les rivières de Bièvre, d'Yvette, d'Orge, d'Etampes, d'Essonne et de Loing entament profondément le continent du côté de l'ouest.

» La partie de la côte la plus déchirée, celle qui présenterait le plus d'écueils et d'îlots, est celle qui porte vulgairement le

nom de Gâtinais français et surtout la portion qui comprend la forêt de Fontainebleau.

» Les pentes de cet immense plateau
sont en général assez rapides, et tous les
escarpements qu'on y voit, ainsi que ceux
des vallées, et les puits que l'on creuse
dans le haut pays montrent que sa nature
physique est la même partout, et qu'elle
est formée d'une masse prodigieuse de sable fin qui recouvre toute cette surface pas-
sant sur tous les autres terrains ou plateaux inférieurs sur lesquels cette grande
plaine domine.

» Sa côte, qui regarde la Seine depuis la
Mauldre jusqu'à Nemours, formera donc
la limite naturelle du bassin que nous avons
à examiner.

« De dessous ses deux extrémités, c'est-
à-dire vers la Mauldre et un peu au delà
de Nemours, sortent immédiatement deux
portions d'un plateau de craie qui s'étend
en tous sens et à une grande distance pour
former la haute Normandie, la Picardie et
la Champagne.

» Les bords intérieurs de cette grande
ceinture, lesquels passent du côté de l'est

par Montereau, Sézanne, Epernay, de celui de l'ouest par Montfort, Mantes, Gisors, Chaumont pour se rapprocher de Compiègne et qui font au nord-est un angle considérable qui embrasse tout le Laonnais, complètent, avec la côte sableuse que nous venons de décrire, la limite naturelle de notre bassin. »

Mais cette limitation présente de graves inconvénients, ainsi du reste que l'a fait très judicieusement observer M. Stanislas Meunier dans *la Géologie des environs de Paris*, qui adopte comme limitation l'expression tant soit peu vague de « environs de Paris », opinion à laquelle nous nous rangeons complètement.

Constitution générale du bassin parisien.

On donne à cette région le nom de bassin parce que les couches qui le composent sont déposées dans une vaste dépression du terrain crétacé qui lui sert de base et qui en constitue l'élément le plus ancien. Au point de vue topographique, la région qui nous occupe est d'une constitution générale assez simple. Elle est traversée de l'est à l'ouest par la Seine et arrosée par un assez grand nombre de rivières qui déterminent autant de vallées secondaires. Ces vallées limitent des chaînes de collines plus ou moins élevées dont les directions principales sont en rapport avec l'action des eaux à l'époque quaternaire.

Les couches qui entrent dans sa composition sont en général lenticulaires et affectent la forme de cuvettes emboîtées les unes dans les autres. Paris occupe le centre et par conséquent le point le plus bas. En effet, si nous supposons deux sections coupant perpendiculairement le bassin parisien, la première du nord au sud et la seconde de l'ouest à l'est, l'examen des cotes des différents points par lesquels passent ces coupes nous le prouve d'une manière irréfutable.

1ᵃ Coupe du nord au sud.

Abbeville 293.
Paris   30.
Orléans   125.
Bourges   175.

2° *Coupe de l'ouest à l'est*

Falaise   308.
Paris   30.
Sézanne 233.

Ces chiffres sont extraits de l'ouvrage de M.
Meunier : *Géologie des environs de Paris.*

Cette position topographique de Paris
n'a pas été sans avoir une influence mar-
quée sur les opérations militaires qui ont
eu pour théâtre cette région, et c'est sur
les crêtes que forment les sommets ou
pour mieux dire les bords de ces cuvettes
que tous les efforts de la défense et de l'attaque se sont portés. Cette importance a
tellement été reconnue qu'au fur et à mesure que les moyens d'attaque augmen-
taient par la plus grande précision et la
plus longue portée des engins destructeurs,
la défense a dû reporter plus au loin ses
lignes de défense, c'est-à-dire sur des crêtes plus éloignées, ce qui explique pourquoi les défenses de 1814, qui existaient
sur des hauteurs comme les Buttes-Chau-
mont, ont dû être reportées sur celles du

Mont-Valérien, d'Issy, de Montrouge, Nogent, et malgré cela se sont trouvées insuffisamment éloignées en 1870-71. Après la cruelle expérience du bombardement, on a dû en définitive les reporter sur les hauteurs de Verrières, Sucy, Vaujours, Stains, Montmorency, Cormeilles, etc.

Indépendamment de la craie, le bassin parisien contient encore des terrains appartenant aux formations suivantes:

Éocène,
Miocène,
Pliocène,
Quaternaire.

Nous allons étudier maintenant les caractères particuliers, les propriétés de chaque couche, et les indices qui peuvent en révéler immédiatement la présence.

La craie

La craie, comme nous l'avons dit, a servi de support aux formations ultérieures qui ont accompli le remplissage du bassin, et, par suite de sa position à la base de la série, les points où l'on peut l'étudier sont peu nombreux. Nous citerons Meudon, Bougival. L'assise qui nous occupe est constituée par du carbonate de chaux plus ou moins mélangé de matières étrangères et sur la formation duquel on n'est pas encore complètement fixé. Cette assise appartient à la partie supérieure du terrain crétacé et a reçu le nom de craie blanche. L'accident le plus remarquable de cette formation est la présence de lits de silex régulièrement espacés.

Si l'on examine avec attention la partie supérieure de la craie blanche, on peut constater qu'avant le dépôt de la couche qui la recouvre aujourd'hui, elle a subi une dénudation énergique que l'on doit attribuer d'une part à l'action de cours d'eau puissants et d'autre part à la grande altérabilité de la craie sous l'influence des agents atmosphériques.

La craie étant un terrain calcaire, est éminemment favorable à la vigne, à condition bien entendu que le coteau qui la supporte soit convenablement exposé.

Le caractère par excellence de la craie est sa porosité, grâce à laquelle elle absorbe les eaux de pluie qui s'enfoncent alors jusqu'à ce qu'elles rencontrent un terrain moins perméable; de là l'absence des sources sur les plateaux crayeux, témoin la Champagne-Pouilleuse qui a mérité ce nom, non pas tant par l'infertilité de la craie par elle-même, mais justement par l'absence des eaux qui, étant absorbées aussitôt qu'elles sont tombées, ne ruissellent jamais à sa surface, et, partant, pas d'eau pas de culture possible.

Aussi, dans la Champagne, voit-on les vallées basses reposant sur des couches marneuses arrosées par des cours d'eau, couvertes de prés et de nombreux villages et l'intensité de la culture aller en diminuant, de ces vallées au sommet des plateaux, où croît alors seulement une herbe rare et où il n'y a plus d'habitations. La craie se signale en outre par la blancheur des terres labourées et par la construction des habitations, qui pour la plupart sont en bois par suite de l'absence de matériaux de construction.

Quant aux usages industriels, la craie sert à la fabrication du blanc de Meudon ou blanc d'Espagne et à la préparation d'un ciment hydraulique assez renommé.

Immédiatement au-dessus de la craie se trouve ce qu'on appelle le calcaire, pisolithique que nous ne signalerons que pour mémoire, son importance étant trop peu considérable pour pouvoir influencer d'une façon quelconque le sol auquel il sert de support.

Argile à silex

Ce terrain, qui a une importance peu considérable dans les environs immédiats de Paris, repose sur la craie, ce qui lui a valu le nom de terrain superficiel de la craie. Il se présente sous l'aspect d'une terre rouge remplie de silex.

Cette argile ainsi, du reste, que celles que nous étudierons ultérieurement sont des substances essentiellement composées de silice, d'alumine et d'eau et qui ont la propriété de faire plus ou moins pâte avec l'eau. Quant à la coloration rouge que présente l'argile à silex, elle est due à de l'oxyde de fer qui s'y trouve mélangé.

Ce terrain est facile à reconnaître par la présence de nombreux silex que les labours font constamment revenir à sa sur-

face. Ces silex étant hydratés superficiel-
lement, présentent une teinte blanchâtre
qui contraste vivement avec la couleur
rouge de l'argile.

L'argile à silex présentant la propriété
de faire pâte avec l'eau, est donc plus ou
moins imperméable; par suite, les eaux
qu'elle reçoit, au lieu d'être absorbées complètement, restent en grande partie à sa
surface, entraînant une certaine humidité
éminemment propre à la culture des plantes fourragères, de l'orme et surtout à l'é-
tablissement de gras pâturages permettant
l'élevage de bestiaux de première qualité.
Nous citerons comme preuve le pays
d'Auge, qui doit sa fertilité et les nombreux
cours d'eau qui le sillonnent à la présence
de l'argile.

Argile plastique

Avec l'argile plastique, nous abordons
l'étude du premier élément des terrains
tertiaires du bassin parisien. Cette couche
appartient au terrain éocène et repose sur
ce qu'on appelle le conglomérat ossifère,

terrain qui n'a aucune importance pour nous.

De même que l'argile à silex, dont nous avons étudié la composition, elle est formée en général de silice d'alumine, d'oxyde de fer, de chaux, de magnésie et d'eau. Elle est plus ou moins pure, et sa teinte peut alors passer du blanc (argile de Montereau) au rouge, au jaune, au noir ou au gris comme on peut le constater à Vaugirard, par suite de la présence, soit de l'oxyde de fer anhydre ou hydraté, soit de la pyrite à un état extrême de division ou de particules charbonneuses disséminées dans sa masse.

Les caractères extérieurs qui font reconnaître la présence de l'argile plastique sont évidemment les mêmes que ceux qui nous ont permis de reconnaître l'argile à silex, la composition de ces deux roches étant pour ainsi dire identique. Cependant, l'argile plastique étant plus imperméable et sa formation beaucoup plus puissante, puisqu'elle peut atteindre jusqu'à 50 mètres d'épaisseur, forme un niveau d'eau très important, car les eaux qui viennent des terrains supérieurs, se trouvant arrêtées par son imperméabilité, donnent naissance à des sources nombreuses qui entretiennent une humidité constante et permettent aux fourrages, aux peupliers et aux saules de croître avec vigueur. Cette végétation puissante et cette facilité de se procurer de l'eau à peu près partout en quantité suffisante pour les besoins agricoles font que les contrées où l'argile plastique affleure sont couvertes d'habitations et de bâtiments agricoles disséminés sans ordre apparent.

Au point de vue industriel, l'argile plastique sert à faire des poteries plus ou moins grossières, des tuiles, des briques. Les établissements où l'on se livre à cette fabrication étant pour la plupart munis de grandes cheminées en briques, ces dernières peuvent servir à signaler de loin la présence du terrain qui nous occupe, en ayant soin, bien entendu, de distinguer ces cheminées de celles d'autres établissements industriels, résultat auquel on arrive soit en consultant la carte, soit à l'aide de renseignements recueillis de la bouche des habitants de la contrée où l'on opère.

Sables inférieurs

Immédiatement au-dessus de l'argile plastique, se trouve, à Vaugirard, une couche de peu d'épaisseur composée par du sable siliceux parfois mêlé de calcaire et d'argile avec des grains verts de glauconie (silicate hydraté d'oxyde ferrique et de potasse). Ce dépôt sableux, qui prend surtout une grande extension au nord de Paris, dans le Soissonnais, a reçu le nom de « sables inférieurs », par opposition aux sables de Fontainebleau ou sables supérieurs, qui occupent le sommet de la série parisienne.

Cette assise sableuse est due à un phénomène de transport de roches démolies. soit par des agents atmosphériques, soit par d'autres causes, transport qui a produit des accumulations, meubles de fragments plus ou moins ténus et qui a été effectué par les eaux, ou par le vent. Comme parmi tous les éléments qui entrent dans la constitution des roches, le quartz est le plus résistant et le plus dur, il est tout naturel de le voir jouer dans ces dépôts un rôle prépondérant. Par la consolidation au moyen d'un ciment calcaire ou siliceux, les sables meubles deviennent des grès.

Ces sables étant composés d'éléments n'ayant aucune liaison entre eux, il résulte, du tout, un corps extrêmement poreux qui absorbe ou pour mieux dire filtre les eaux qui tombent à sa surface et fait qu'elles ne se réunissent que sur l'argile plastique située au-dessous. Or les plantes ont besoin, pour croître et se développer, d'une certaine humidité qu'elles puisent par leurs racines; mais l'on conçoit aisément que les plantes potagères ou fourragères n'ont pas des racines assez longues pour pouvoir traverser cette assise sableuse et atteindre le niveau d'eau formé par l'argile plastique; il s'ensuit donc qu'elles ne peuvent réussir convenablement dans ces terrains et que seuls les bois, par suite de la puissance de leurs racines, peuvent s'y développer. C'est ce qui explique pourquoi les points comme Pierrefonds, Compiègne, où les sables inférieurs affleurent, sont couverts de forêts qui, par conséquent, servent à les signaler de loin.

Quant aux grès que l'on y rencontre,

ils sont utilisés comme pierres de construction.

Calcaire grossier

Le calcaire grossier peut être considéré comme l'un des éléments les plus importants du bassin parisien, non seulement par son étendue, qui correspond à l'ancienne province appelée Ile-de-France, mais encore par sa puissance, qui atteint jusqu'à 25 mètres, et surtout par les applications industrielles que l'on fait constamment des matériaux qui le composent.

Le calcaire grossier, comme la craie, est composé essentiellement de carbonate de chaux plus ou moins mélangé de matières terreuses et de restes organiques dont le tissu lâche et grossier ou généralement compacte en permet l'emploi comme pierres de construction ou d'appareil. C'est du reste à la présence du calcaire grossier que Paris doit en partie le développement qu'il a pris, et les catacombes et champignonnières qui en forment le sous-sol ou l'entourent ne sont autre chose que d'anciennes carrières épuisées actuellement.

Cette formation, bien entendu, n'est pas uniforme, elle présente quelques lits de marnes intercalés entre les différents bancs de calcaire et se termine par une couche à laquelle on a donné le nom de « caillasses », où des réactions chimiques intenses et singulières en ont modifié complètement en certains points la composition primitive par l'apport et la formation de minéraux cristallisés que l'on n'est point habitué à rencontrer dans des couches aussi peu anciennes.

Le calcaire grossier, par suite de sa dureté et de la résistance qu'il offre à la charrue, n'est guère favorable à la culture. Sa porosité empêche l'eau de séjourner et fait qu'elle s'écoule verticalement jusqu'à l'argile plastique, produisant la sécheresse de la surface du sol. Cette action de l'eau n'est pas la seule que nous ayons à signaler. En effet, si la couche d'argile plastique qui supporte les sables inférieurs et le calcaire grossier est plus ou moins inclinée, les eaux qui y parviennent s'écoulent suivant la pente, entraînant les sables. Le calcaire grossier se trouvant alors suspendu dans le vide, son propre

poids en cause l'affaissement, le glisse-
ment et la fragmentation en blocs plus ou
moins considérables, comme on peut le
constater *de visu* dans nombre de localités,
à Vanves par exemple.

L'absence de l'eau à sa surface et la
dureté de cette roche ont pour résultat de
ne permettre qu'aux bois d'y bien réussir,
grâce à la force de pénétration de leurs
racines, qui leur permet d'aller chercher
l'humidité nécessaire à la profondeur vou-
lue.

D'autre part, la difficulté et les frais
qu'occasionne le percement de puits pro-
fonds ne pouvant être supportés que par
des villages ou de grandes exploitations
agricoles, on ne trouve pas en général d'habitations isolées de petits cultivateurs sur
les plateaux ou à mi-côte, mais seulement dans le fond des vallées ou, plus
rarement, sur les bords des plateaux dont
le centre est occupé par la grande culture.

Les villages et fermes ayant été édifiés
avec les matériaux que fournit ce sous-sol
se trouvent en général près des carrières.

Sables moyens

Les sables moyens appelés aussi sables de Beauchamp, du nom de la localité où leur étude a été primitivement faite, recouvrent les caillasses. Ils se composent d'épaisses assises de sables, dans lesquelles on remarque fréquemment des bancs de grès plus ou moins durs exploités comme matériaux de construction et quelquefois recouverts de calcaires marins. Nous ne reviendrons pas sur le mode de formation des sables, que nous avons déjà décrit en traitant des sables inférieurs. Comme ces derniers, ils ne peuvent, par suite de leur perméabilité, donner lieu qu'à la culture du seigle, de l'avoine, de la pomme de terre ou servir de pâturages pour les moutons. Pour les mêmes motifs, ils sont couverts de forêts, comme on peut le constater à Chantilly, Villers-Cotterets.

Calcaire de Saint-Ouen

On donne ce nom à une série de calcaires et de marnes qui surmontent les sables moyens. Son épaisseur varie de 7 à 8 mètres environ ; et, comme ce terrain est composé de deux éléments juxtaposés pour ainsi dire, il est bien évident que ses propriétés, au point de vue industriel et agricole, s'en ressentent d'une façon profonde. En effet, ce terrain est difficile à travailler et devient souvent trop humide. Aussi les plantes qui y prédominent sont-elles celles qui recherchent l'humidité, comme les peupliers, les herbages. Les fourrages qu'il produit sont de qualité supérieure. Si le terrain n'est pas trop humide, le blé y vient très bien. La facilité de se procurer de l'eau et la nécessité de varier la culture, suivant que ce sont les marnes ou les calcaires qui prédominent, font que, sur ce terrain, les habitations sont bien plus dispersées et les cultures bien plus morcelées que sur le calcaire grossier.

Gypse

Le gypse ou pierre à plâtre est certainement un des terrains les plus intéressants de la formation parisienne, tant par les causes qui ont procédé à sa formation que par les services qu'il rend au point de vue industriel et agricole.

Le gypse ou sulfate de chaux hydraté occupe une surface assez grande autour de Paris, et il est à supposer que toute la surface qu'il limite a dû être à l'origine couverte par cette formation. Mais, par l'action des eaux, cette surface a été déchirée en nombreux lambeaux qu'on ne trouve plus que dans l'épaisseur des collines.

Par suite de son altérabilité par les agents atmosphériques, le gypse en nature n'affleure nulle part, et les couches se terminent en biseau.

Du reste, le gypse ne constitue pas à lui seul ce que l'on appelle la formation gypseuse, dans laquelle il faut comprendre plusieurs couches de marnes, les unes très importantes comme celles qui surmontent le gypse proprement dit, les autres d'une importance moins considérable et qui lui sont ou inférieures ou intercalaires. Il arrive assez souvent même que, dans certaines localités, le gypse n'est pour ainsi dire représenté que par les marnes.

Le gypse par lui-même ne se prête pas à la culture d'une façon convenable; il absorbe l'eau avec avidité et a le grave défaut de se laisser dissoudre et de la rendre peu potable et même nuisible à la longue à la santé; de plus, il lui communique un goût fade, désagréable.

Cependant, la fréquence de la présence de lits de marne intercalés dans le gypse remédient en partie à cette porosité et créent plusieurs niveaux d'eau dont le plus important et le plus constant est celui formé par les marnes vertes dont la présence est signalée au loin par les peupliers et les saules, qui y trouvent l'humidité dont ils ont besoin. C'est à ce niveau que sont construits en général les châteaux et autres propriétés d'agrément de nos environs. Entre le gypse et les marnes vertes qui viennent de nous occuper, se trouvent également des marnes, les unes blanches reposant immédiatement sur le gypse, les autres jaunes comprises entre ces dernières et les marnes vertes. Les marnes blanches sont utilisées souvent pour la fabrication de ciments hydrauliques et les marnes vertes pour la fabrication de poteries d'assez mauvaise qualité. Quant au gypse, il est, comme les autres terrains

calcaires, éminemment propre à la culture de la vigne, ainsi que le prouvent les
coteaux de nos environs, entre autre Ar-
genteuil si bien connu de tous les Parisiens.
Son action est surtout précieuse comme
amendement. Certaines plantes, telles que
la luzerne, le trèfle, le sainfoin, le colza les
pois, prennent un développement considérable si l'on a eu soin de répandre sur le
sol du plâtre. Les feuilles de ces plantes
deviennent plus nombreuses, plus fortes et
d'un vert plus foncé. Indépendamment
des services qu'il rend à l'agriculture, le
gypse est surtout employé sous forme de
plâtre pour unir entre eux les matériaux
employés dans les constructions, ainsi
qu'à leur décoration.

Dans les contrées où cette roche domine,
on l'emploie très souvent à l'exclusion des
autres matériaux. Pour cela, on en forme
des carreaux que l'on unit entre eux à
l'aide de plâtre et qui sont soutenus par
des charpentes en bois.

Avant de quitter cette intéressante formation, il convient de remarquer qu'à
Champigny, Villers, etc., ce terrain ne se
présente plus sous la forme précédente,

mais sous celle d'un calcaire d'eau douce plus ou moins siliceux auquel on a donné le nom de travertin de Champigny, qui est exploité, lorsqu'il est essentiellement calcaire, pour la fabrication de la chaux et, quand il est siliceux, comme pierres de construction ou pour faire du macadam.

Ce terrain est dans les parties siliceuses excessivement dur et résistant; aussi est-il à peu près dépourvu d'arbres, comme on peut le constater sur le champ de bataille de Champigny, où les seuls endroits boisés sont le Plant-Champigny reposant sur le diluvium, le petit bois de la Lande sur les marnes infra-gypseuses et enfin Cœuilly et Villiers reposant sur les meulières de Brie. Aussi ces points ont-ils été l'objectif et le théâtre de sanglants combats lors de la dernière guerre.

Marnes et calcaires de Brie

Immédiatement au-dessus de l'intéressant système du gypse se trouve, à une altitude d'environ 105 à 109 mètres, un terrain qui couvre les plateaux des environs de Paris. Ce terrain, connu sous le nom de travertin de la Brie, se compose de marnes plus ou moins calcaires reposant sur la marne verte supra gypseuse. Ces marnes sont surmontées par un calcaire plus ou moins siliceux, dont la partie supérieure passe à la meulière. Cette meulière est elle-même noyée dans une argile ferrugineuse d'une certaine imperméabilité, ce qui lui permet de conserver l'eau tombant à sa surface et de former un nombre considérable de petites mares. Cette humidité est même souvent si prononcée qu'il est nécessaire de drainer les champs reposant sur les meulières.

Ce terrain se signale de loin par la couleur ferrugineuse des labours et la présence des bois qui y trouvent les conditions nécessaires à leur développement.

Au point de vue des qualités agricoles, il se divise en deux catégories. La première, comprenant les marnes et l'argile empâtant les meulières, est très fertile. Aussi voit-on tout le plateau de la Brie couvert de grandes fermes, et les terres, admirablement cultivées, produisent des moissons abondantes, les céréales y venant particulièrement très bien. La seconde catégorie comprend le calcaire siliceux et les meulières proprement dites, qui, par les obstacles qu'ils apportent à la culture, ne sont généralement couverts que par des bois (forêts d'Armanvilliers, bois Saint-Martin, etc). Ces caractères agricoles ne sont pas les seuls qui permettent de préjuger de la valeur de ce terrain. En effet, il est un point sur lequel il importe d'appeler l'attention : nous voulons parler des constructions. La meulière étant éminemment propre à servir de matériaux de construction à cause de sa légèreté et de sa solidité, presque toutes les maisons et les murs de la Brie sont construits en meulière. Cette meulière a été recouverte par le limon des plateaux, matière propre à la fabrication des tuiles, ce qui explique pourquoi une grande partie des habitations de la Brie sont couvertes en tuiles.

Sables de Fontainebleau

La composition de ce terrain ne nous occupera pas; les renseignements que nous avons donnés précédemment, lorsque nous avons parlé des sables inférieurs et des sables moyens, suffiront amplement. Cependant, nous devons détacher de ce terrain les marnes à huîtres (ainsi nommées à cause de la présence de ces mollusques, en quantité relativement considérable) qui en occupent la base.

Comme propriétés, ces marnes peuvent être considérées comme équivalentes aux marnes vertes supra-gypseuses. Ce sont elles qui entretiennent la fraîcheur et la végétation dans les campagnes le long des coteaux de Sèvres et de Meudon et alimentent la pièce d'eau des Suisses. Quant aux sables proprement dits, leur porosité empêche la culture, et il n'y a guère que la bruyère, le genêt et les bois qui réussissent bien. Nous devons signaler tout particulièrement le pin, qui réussit si bien dans les sables quartzeux purs.

Meulières de la Beauce

Par leur composition, qui est semblable à celle des meulières de la Brie, il semblerait qu'elles doivent posséder les mêmes qualités et avoir les mêmes influences sur les caractères physiques des contrées où elles affleurent. Cependant, cela n'est pas complètement exact à cause du terrain sous-jacent, qui est poreux (sables de Fontainebleau), tandis que les meulières de Brie reposent sur les marnes supra-gypseuses qui constituent, comme nous l'avons vu, un niveau d'eau des plus précieux. Malgré cette différence, il ne faudrait pas croire que le terrain des meulières de la Beauce soit d'une grande sécheresse, car ces meulières sont empâtées dans un limon argileux assez imperméable qui conserve une certaine fraîcheur permettant la culture des céréales dans des conditions très avantageuses.

Quant aux puits, ils doivent être d'une profondeur relativement considérable puisqu'il faut, comme nous l'avons vu, traverser toute l'épaisse assise des sables de Fontainebleau pour atteindre le niveau des marnes. Cette difficulté de se procurer de l'eau fait qu'en général les habitations et les exploitations agricoles sont groupées autour des mares reposant sur le limon, et c'est en grande partie ce caractère qui

différencie les meulières de Beauce des
meulières de Brie.

Pliocéne

Les deux derniers terrains qui viennent
de nous occuper, c'est-à-dire les sables de
Fontainebleau et les meulières de la
Beauce appartiennent, suivant l'opinion de
la majorité des géologues, au terrain
miocéne, et c'est au-dessus de ce terrain
que vient se placer un dépôt sableux trop
restreint pour qu'il ait une influence sur la
contrée dont il constitue le sous-sol et que,
par conséquent, nous ne citerons que pour
mémoire. Ce dépôt est connu sous le nom
de sables de Saint-Prest, du nom d'une
localité voisine de Chartres, et se compose
d'un terrain de transport formé d'environ
15 mètres de sable, d'apparence quaternaire.

Terrain quaternaire

Au-dessus des terrains que nous venons
d'énumérer, se trouve un terrain qui, s'il
n'a pas une très grande épaisseur en géné-

ral, a, par contre, une immense extension en surface et qui recouvre presque tous les environs de Paris. Ce terrain a été divisé en plusieurs étages connus sous les noms de diluvium gris et rouge, de limon des plateaux et de lœss. Les deux premiers sont essentiellement sableux et les deux derniers plus ou moins argileux; l'influence qu'ils exercent est donc toute différente, et si le limon des plateaux est la cause de la fertilité des contrées où il affleure, le diluvium, au contraire, détermine, comme tous les terrains sableux, une certaine sécheresse.

Cependant cette sécheresse n'est pas aussi intense qu'on pourrait le supposer, et cela grâce à sa position au-dessus de terrains imperméables. En effet, si le lœss et le limon des plateaux occupent une altitude élevée et se trouvent au-dessus des sables supérieurs, qui eux aussi absorbent les eaux, le diluvium, au contraire, couvre les plaines et repose souvent sur des marnes qui recueillent et conservent les eaux qui l'ont traversé. Quant aux applications industrielles, le lœss et le limon des plateaux servent à la fabrication de

tuiles et de briques, et nous avons vu précédemment que c'était à ce terrain que
le plateau de la Brie devait d'avoir ses
maisons couvertes en tuiles.

Terrain actuel

Il ne nous reste plus à nous occuper que
du terrain actuel, c'est-à-dire celui dont la
formation se poursuit sous nos yeux. Par
son peu d'épaisseur il n'a qu'une importance tout à fait secondaire et que l'on peut
considérer comme à peu près nulle dans le
bassin parisien. En effet, ce terrain comprend les alluvions, les tourbières et les
dunes. Or ce dernier élément est étranger
aux environs de Paris, et les alluvions, les
tourbières ne couvrent que des points
restreints. En somme, au point de vue
topographique, on ne peut envisager les
tourbières que comme des obstacles à la
marche des troupes.

Conclusions

Après l'énumération que nous venons
de faire des terrains parisiens et de leurs

propriétés, il ne nous reste plus qu'à résumer en termes concis leur utilité au point de vue topographique. En principe, les renseignements doivent être recueillis dans l'ordre de leur importance. Cette classification peut être établie comme suit :

1° Ressources pour l'alimentation.

2° Ressources en eau.

3° Viabilité des voies de communication suivant l'état de l'atmosphère.

Pour résoudre le premier point, il faut se rendre compte si le sous-sol de la contrée est formé de matériaux propres à la construction (calcaire grossier) ou de roches propres à la culture (argile plastique, limon des plateaux, etc.). Dans le premier cas on aura affaire à un pays industriel qui consommera plus qu'il ne produira, où par conséquent les réserves en vivres seront nulles, tandis que dans le second cas on aura un pays essentiellement agricole, produisant au contraire plus qu'il ne consomme et assurant ainsi la subsistance pour un certain temps.

Ressources en eau. — Si les aliments solides et les fourrages sont de première utilité, on peut dire que l'eau est tout à fait indispensable. De là l'importance de reconnaître sa plus ou moins grande abondance. D'ailleurs, nous avons déjà vu l'importance primordiale qu'elle a au point de vue agricole et le caractère spécial que prennent les contrées où elle est absente. Or les sources et les nappes d'eau souterraines sont alimentées par les eaux pluviales qui tombent à la surface du sol et s'y enfoncent jusqu'à ce qu'elles trouvent une couche imperméable (marne, argile) qui les rassemble et constitue un niveau d'eau. C'est donc précisément ces couches de marne et d'agile qu'il importe de constater pour s'assurer de la présence ou de l'absence des eaux.

Viabilité des voies de communication. — Bien qu'il arrive assez souvent qu'elles soient construites avec des matériaux étrangers aux pays, il n'en est pas moins vrai que la nature du sous-sol influe d'une façon considérable sur la manière dont elles se comporteront sous l'influence des agents atmosphériques. D'ailleurs, il arrivera fréquemment que l'on sera forcé d'abandonner les routes et de cheminer à travers les terres. Toutes les roches susceptibles de faire pâte avec l'eau (marnes, argiles, craie, gypse) constituent un sous-sol détestable produisant, par la pluie ou par la neige, la détérioration rapide des voies de communication ou du terrain qu'elles supportent et augmentant dans des proportions considérables le tirage des voitures. Les roches dures, telles que les grès, le le calcaire grossier, le travertin, constituent au contraire un sol très résistant, mais qui a le grave inconvénient d'amener une usure assez rapide du matériel roulant et de fatiguer les pieds des chevaux ; tandis que les sables, s'ils ont l'inconvénient d'augmenter un peu le tirage, sont très secs par suite de leur perméabilité et sont plus favorables à l'exécution des marches, surtout lorsqu'ils sont recouverts par une légère couche de terre végétale.

En résumé, le meilleur terrain, à ce point de vue, serait un terrain mixte renfermant en certaines proportions une roche résistante en fragments peu volumineux et empâtés dans une matière plutôt argilo-sableuse que marneuse. Ces conditions se trouvent réalisées dans la Brie, où toutes les voies de communication reposant sur le calcaire siliceux et les meulières sont bonnes en toutes saisons, la silice que ces roches renferment s'opposant à la désagrégation du calcaire qui les compose.

Avant de terminer ce travail, nous avons jugé indispensable de condenser en quelques lignes, sous la rubrique *conclusions*, les renseignements que l'on peut tirer des terrains et la manière de les observer. L'observateur devra toutefois avoir constamment présent à la mémoire que les travaux des hommes, dans des contrées aussi civilisées que les nôtres, ont pu modifier complètement l'aspect et les productions du sol et qu'il ne devra en tirer des conconclusions qu'après avoir mûrement réfléchi et examiné les arguments en faveur de la présence de telle ou telle couche, surtout dans les premiers temps où il se livrera à cet examen. Cependant, au bout d'un certain temps, il acquerra un coup d'œil particulier lui permettant de préjuger presque à coup sûr de la formation géologique du pays. Nous disons presque à coup sûr parce que, en géologie pas plus

qu'ailleurs, il n'y a de règles sans excep-
tion. Du reste, nous n'avons pas eu l'intention de poser en règles immuables les caractères superficiels des terrains que nous
avons étudiés, mais seulement de faire part
des observations que nous avons faites sur
le terrain même; et nous considérerons
notre but comme atteint si la lecture de ces
quelques pages peut engager les personnes
habitant d'autres régions à recueillir leurs
observations, nous permettant de complé-
ter ce travail par l'adjonction des terrains
étrangers au bassin parisien et donner
ainsi de nouveaux éléments d'information
lors de l'exécution des reconnaissances,
qui sont la base de toute opération militaire.

TABLE DES MATIÈRES

Paris et Limoges. — Imp. milit. Henri CHARLES-LAVAUZELLE.

Librairie militaire H. Charles-Lavauzelle

11, place Saint-André-dec-Arts, Paris.

Catalogue des cartes, plans et autres ouvrages publiés par le Service géographique de l'armée (édition de 1890). — Volume (in-8° de 84 pages et 11 tableaux d'assemblage....   » 60 *franco* » 95

L'extrait du catalogue général des cartes est envoyé gratuitement à toute personne qui en fait la demande à la librairie militaire H. Charles-Lavauzelle.

Carte du Tonkin, publiée avec l'autorisation de M. le Ministre de la Marine et des colonies, par M. A. Gouin, lieutenant de vaisseau. — Chromo-lithographie, format 71/108 cent.......... 4 »

Carte militaire de la France, par le commandant Bonetti, donnant par région de corps d'armée et par subdivision de région, l'emplacement de toutes les troupes de l'armée active et de l'armée territoriale; belle chromo-lithographie en sept couleurs, avec répertoire et tableaux, honorée d'un prix du Ministre et couronnée par la Société nationale d'instruction et d'éducation populaires (médaille d'honneur). — Une feuille format grand colombier (14ᵉ édition)...................... 2 »

La même, collée sur toile vernie, montée sur gorge et rouleau...................... 6 »

Graphiques de marche. — Papier quadrillé bleu à 2ᵐᵐ, format 30 sur 40 centimètres, avec traits renforcés dans les deux sens pour indiquer les heures et les distances. — La feuille...... » 08

Rapport de reconnaissance, modèle A, conforme au modèle donné à l'instruction pratique sur le service en campagne; n° 72, infanterie, et n° 70, cavalerie; le cent.................... 2 »

Enveloppes pour lesdits rapports, le cent..... 2 »

Librairie militaire H. Charles-Lavauzelle